345
345
345
345

DELIUS KLASING

für meinen Lieblingsmensch und Helikopterpilotin Nele.

CHRISTIAN BLANCK'S
KINDERZIMMERHELDEN

Delius Klasing Verlag

siku

VORWORT

Wie haben wir sie geliebt – unsere Auto-Helden in den Kindertagen, lange Nachmittage und viele Abende, bis wir ins Bett mussten.

Mein Freund Florian war der absolute Experte beim Kreieren neuer Spielideen. Diverse Metall- und frühe Kunststoff-Modelle wurden auf dem Lüftungsgitter des Heizkörpers im Flur seines Elternhauses geparkt. Die Gitter-Maße passten perfekt als Rangierfläche und dann ... ab durch die Luft auf das Parkett und manche auch die Holztreppe hinab, besonders gern mit den Polizei-Modellen von Porsche. Es ging um Geschwindigkeit, und wer am weitesten flog. Auch der Werkzeugkasten meines Vaters spielte dabei eine Rolle, sollten doch Auffahrunfall-Spuren detailgenau manch' Limousine zieren.

Doch die frühen siku Kunststoff-Modelle gehörten auch zu unserer Modelleisenbahn. Sie waren mit ihrer Vielfalt und großen Auswahl vom kleinen Anhänger bis zum imposanten Auto-Transporter am besten für unsere Kinderzimmer-Welt geeignet, in der wir spielten und das Drumherum schnell vergaßen.

Beim Betrachten der Resultate vieler Spielerlebnisse auf den Aufnahmen von Christian Blanck werde ich sofort in meine Kindertage zurückversetzt. Bilder aus einer verspielten fantasievollen Kindheit flimmern vor meinen Augen – welch Genuss und Leistung dieses großartigen Bildbandes.

Diese Kinderzimmerhelden prägten Generationen von Auto-Enthusiasten und bilden damit wohl auch ein Gutteil der DNA bedeutender automobiler Industrienationen ab. Für mich gilt dies ohne Frage beruflich wie privat. Meine Liebe zu klassischen Automobilen wurde in meiner Kindheit ausgelöst. Der kleine Käfer 1200 von 1964 im Maßstab 1:55 steht heute als 1:1-Original in meiner Garage – ganz nach dem Motto „Träume ändern sich nicht, nur deren Maßstäbe."

Let's start the engines ...

Otto F. Wachs
Begründer und langjähriger Geschäftsführer
der Autostadt in Wolfsburg

TATÜTA
POLIZEI
POLIZEI

RETTUNGSWAGEN
NOTARZT
ADAC

TROST
HOFFNUNG.

• Mercedes Unimog U406 Sanitätswagen, 1978

In den 70ern war meine kleine, heile Welt vollkommen. Ich wuchs als behütetes Einzelkind auf, heiß geliebt von Mama, Papa, Oma und Opa.

Alles war wundervoll, nichts trübte meine Laune. Bis zu dem Tag, an dem meine Mama erfuhr, dass sie wegen ihres Hüftleidens operiert werden müsse. Und auch, wenn sie damals heimlich weinte und sich ihre Besorgnis nicht anmerken lassen wollte – ich spürte ihre Angst. Und sie übertrug sich auf mich.

Sechs Wochen ohne meine Mama! Eine unvorstellbar lange Zeit für so ein kleines Mädchen. Außerdem durften damals Kinder nicht ohne Weiteres als Besuch mit ins Krankenhaus. Das hat mich schon sehr mitgenommen. Aber dafür kümmerte sich meine Oma liebevoll um mich. Oma Mutsch. So hieß sie.

Und Oma Mutsch ging mit mir und meiner Tante Liesel auf ein Kindergartenfest, während Papa zu Mama ins Krankenhaus fuhr. Auf dem Fest gab es einen kleinen Flohmarkt für und von Kindern. Dort sah ich es dann:

Ein cremefarbenes Gefährt mit Blaulicht und rotem Kreuz. Ein Rettungswagen von siku. Die Hecktüren fehlten zwar, aber mir war sofort klar: Den brauche ich! Irgendwie verband ich Trost und Hoffnung mit ihm.

Tante und Oma waren verständnislos, dass ich ausgerechnet diesen alten Wagen haben wollte. 50 Pfennig sollte er kosten. Aber ich blieb hartnäckig und letztendlich bekam ich, was ich wollte. Fest drückte ich ihn an mein Herz und lies den Wagen gar nicht mehr los.

Tatsächlich habe ich ihn bis heute nicht losgelassen. Denn er steht immer noch bei meiner Mama in einer Vitrine. Mein Rettungswagen, der uns so viel Kraft schenkte.

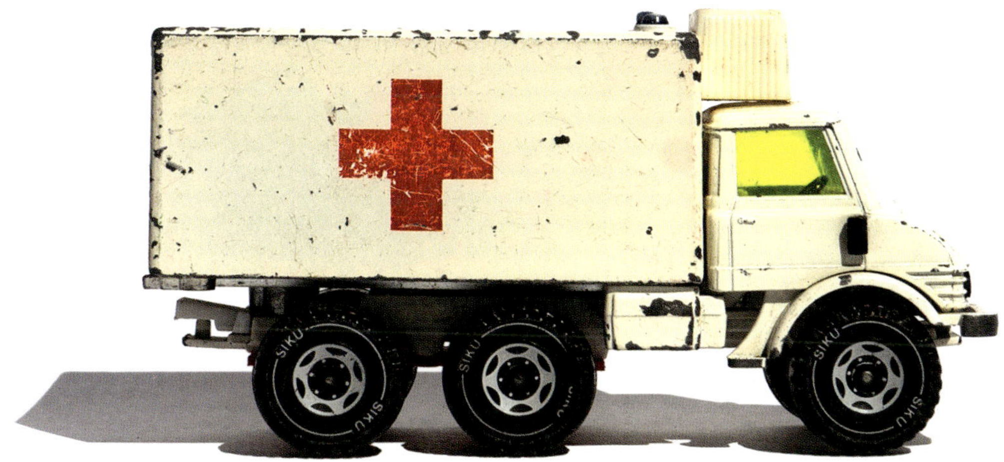

Als mich damals Oma erstaunt gefragt hat, warum ich ausgerechnet diesen Wagen wollte, habe ich entschlossen geantwortet: „Damit hole ich meine Mama heim!“

Martina Castor, 52 Jahre

VOR LANGER POLIZEIT

• VW Bus T1 Polizei, 1963

• Mercedes-Benz 250 /8, 1974

• Ford Capri Polizei, 1971

• Mercedes-Benz 190 D Polizei, 1965

• BMW 2000 CS Polizei, 1970

SCHNELLER ALS DIE

ERLAUBT!

• Porsche 911 Targa Polizei, 1980

• Ford Capri Polizei, 1971

• VW Transporter T2 Radar, 1972

• Porsche Cayman S Polizei, 2015

POLIZEI WELTWEIT

• VW Golf VI Politie, 2013

• BMW 545i Polizei, 2006

• Dodge Charger Police, 2010

• Lamborghini Gallardo Polizia, 2010

• Smart Fortwo Polizei, 2010

• VW Amarok Polizei, 2013

• Helikopter, 2012

• Porsche 901 Polizei, 1964, Tuning by Rötschis Finest

• Mercedes-Benz 600 Pullman, 1965, Tuning by Rötschis Finest

POLIZEIJAGD

• Zettelmeyer Lader Europ, 1976

• VW Passat Variant Polizei, 1978, Tuning by Rötschis Finest

EIN KLARES PLUS

• Binz-Europ Krankenwagen 1200L, 1973

• Mercedes-Benz Sprinter Rettungsdienst, 2006

• Ford 17M Kombi Feuerwehr, 1973

• Porsche 928 Notarzt, 1979

• Audi 100 SL Notarzt, 1974

• Toyota RAV4 Notarzt, 2009

UNFALLWAGEN

• Volkswagen Passat Variant Feuerwehr, 2009

HERAUSRAGENDE HELFER

• Mercedes-Benz SK Feuerwehrdrehleiter, 1992

• Faun Kranwagen Feuerwehr, 1985

• Faun Metz Flughafen-Feuerwehr, 1974

• Ford Granada Turnier Feuerwehr, 1980

• Mercedes-Benz Metz DL30H Leiterwagen, 1966

• Mercedes-Benz Feuerwehr Leiterwagen, 2013

Lamborghini Espada 400 GT Rennfeuerwehr, 1973

DIE GELBEN ENGELCHEN

ADAC
ADAC
ADAC
RENNPOLIZEI
ADAC
RENNPOLIZEI
ADAC Straßendienst
Straßendienst

• Porsche 911 Polizei, 1979

• Mercedes-Benz LP 608 ADAC, 1974

• VW Passat Variant ADAC, 1978, Tuning by Rötschis Finest

SCHADENSREGULIERUNG

• Ford 17M Turnier ADAC, 1970

• Ford 17M Turnier ADAC, 1970

• VW-Porsche 914, 1977

• Mercedes-Benz LP 608 ADAC, 1974

• VW Käfer 1300 ADAC, 1980

• Volkswagen Amarok ADAC, 2012

AM FLUGHAFEN SCHLAFEN

• Volkswagen Sharan Follow Me, 2002

• T@B Caravan, 2002

MACH SCH

Mc LAREN
RTL TEAM
auto motor sport

HEIMWEH

Das Schöne an Heimweh ist ja, dass es etwas gibt, das auf einen wartet: ein Zuhause.

Und mein liebevolles Zuhause musste ich als Kind in den 60er-Jahren für einige Zeit verlassen. Ich wurde von meinen Eltern zu einer Kur für Kinder geschickt.

Als der Tag der Abreise näher rückte, war mir unwohl. Ich hatte Angst. Vor dem Ungewissen. Was, wenn es dort nicht so schön ist wie zu Hause? Das sollte ich bald herausfinden, denn schließlich brachte mich meine Mutter zum Bahnhof. Schon auf dem Weg dorthin spürte ich diesen Schmerz des Abschieds und das brennende Gefühl: Heimweh.

Meiner Mutter entging das natürlich nicht. Mütter spüren, wenn es ihren Kindern nicht gut geht. So kaufte sie mir am Bahnhofskiosk noch ein kleines Abschiedsgeschenk. Einen Polizei-Porsche von siku.

In der Kur ging es doch sehr diszipliniert zu. Alles war neu, fremde Menschen. Mir fehlte die Wärme meiner Eltern, die Zuneigung und Liebe. Das, was ich bereits am Bahnhof gespürt hatte, war nur ein kleiner Vorgeschmack. Jetzt war das Heimweh ausgewachsen.

Aber ich besaß ja meinen kleinen Schatz: den Polizei-Porsche! Den hütete ich wie meinen eigenen Augapfel. Er half mir über die schlimmste Zeit hinweg und wurde mein treuer Gefährte.

Die Zeit der Kur ging zu Ende und ich durfte endlich wieder zu meinen Eltern. Mein Schatz bekam einen festen Platz im Regal, neben meinen anderen siku Modellen – und somit auch ein Zuhause.

Franz-Georg Göke, 68 Jahre

• Porsche 911 Polizei, 1979

Lieblingswagen von: **Gregor**

PFEIL SCHNELL

• Maserati Boomerang, 1974

• Alfa Romeo Montreal, 1981

DRÜCKEN SIE DIE F1 TASTE

• siku Rennwagen, 2014

• McLaren M8F, 1980

• Porsche 917/10 Turbolader, 1982

Lieblingswagen von: **Hanno**

• Porsche 911 Cabrio, 1987

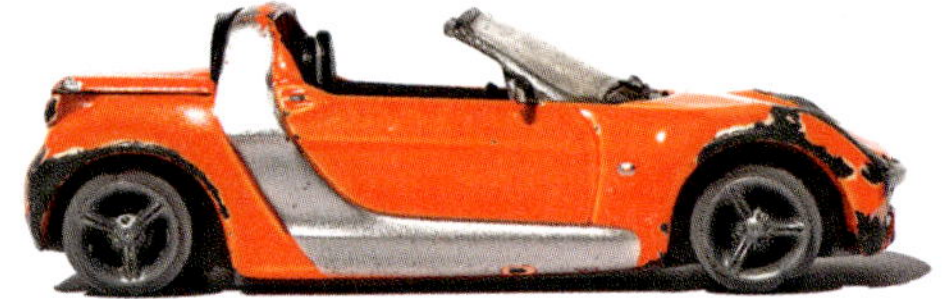

• Smart Roadster Cabrio, 2008

ROT =

• Ford Capri 1700 GT, 1970

• Audi R8 Spyder, 2014

• Mercedes-Benz 300 SL, 1963

• Ferrari F40, 1989

SCHNELL

• Porsche 917/10 Turbolader, 1979

• Mercedes-Benz SLS AMG, 2011

Der Porsche Carrera GT wurde von

Porsche selbst nur 1.282-mal hergestellt.

Bei siku 9-mal soviel.

KLEINES WISSEN

siku
siku

REDEN

=

• Mercedes-Benz SLS AMG, 2015

SCHWEIGEN

=

• Ferrari Berlinetta 275 GTB, 1979

• Wiesmann Roadster MF5, 2012

• Porsche 911 Targa, 1979

PORSCHELIEBHABER

• Porsche 911 Targa, 1979

• Porsche 928, 1981

• Porsche 911 Targa, 1973

• Porsche Carrera GT, 2005

• Porsche 959, 1987

• Porsche 911 Turbo, 1981

• Porsche 911 Turbo Cabrio, 1987

VERLEIHT FLÜGELTÜREN

• Gumpert Apollo, 2014

SCHNELLER LUXUS

• Bugatti Veyron EB 16.4, 2007

• BMW Z4, 2022

• Lamborghini 400 GT Espada, 1974

• Opel GT 1900, 1970

Lieblingswagen von: **Thomas**

• Alfa Romeo Montreal, 1981

SCHÖN.

KLASSISCH.

• Mercedes-Benz 250 SE, 1969

Lieblingswagen von: **Thomas**

• VW Käfer 1300 ADAC, 1980

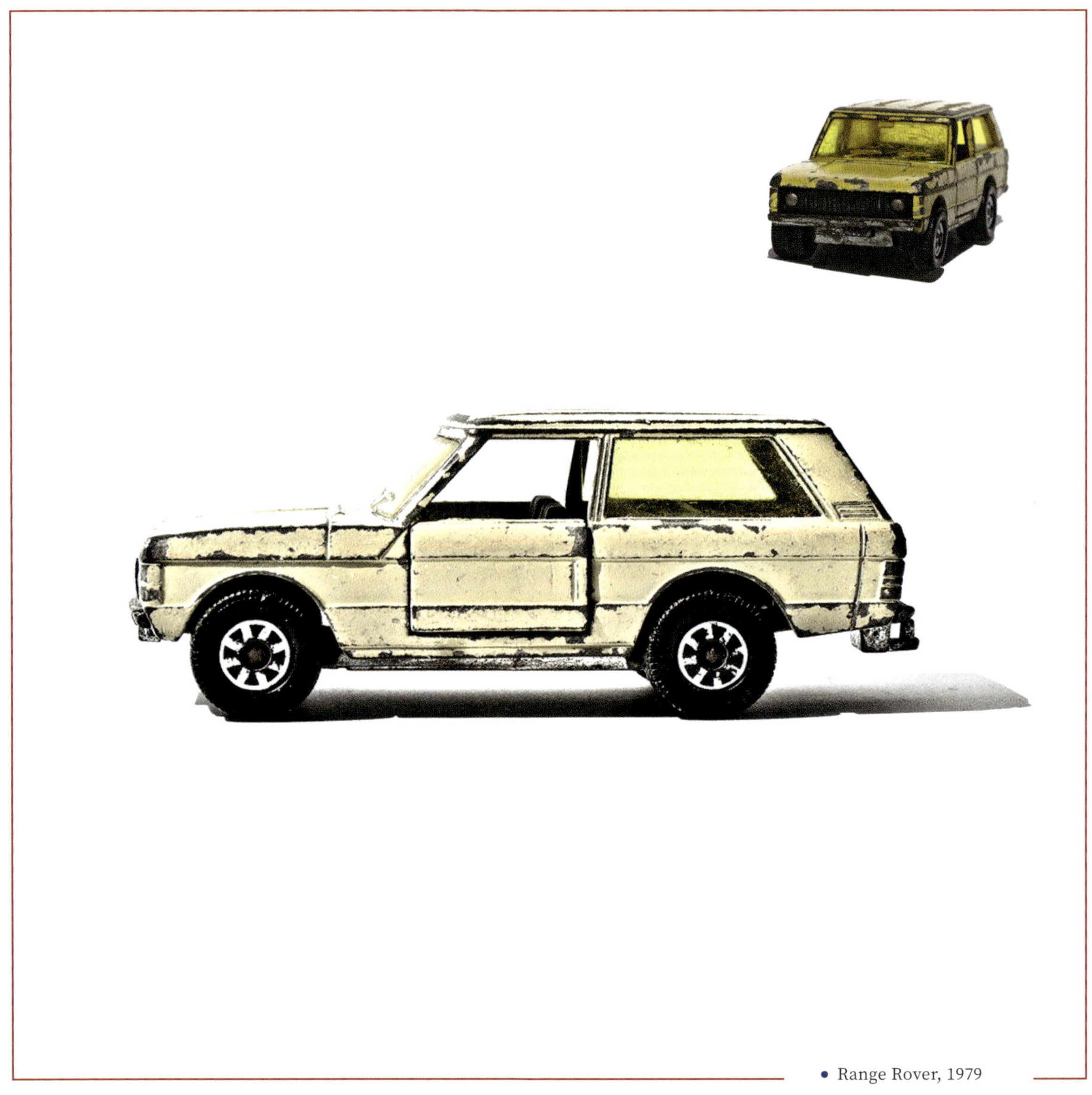

• Range Rover, 1979

• Porsche Cayenne Turbo, 2004

• Mercedes-Benz 280 SL, 1977

• VW Karmann Ghia 1500, 1965

LOST AND FOUND.

Man sieht sich immer zweimal im Leben. Vielleicht ist das doch mehr als nur eine leere Floskel.

Als Kind hatte ich eine große Kiste aus Pappe. Sie war etwas ganz Besonderes für mich. Sie war meine Schatzkiste! Denn in ihr bewahrte ich all meine siku Modelle auf. Auf dem Deckel hatte ich eine Straßenlandschaft gemalt und befuhr sie mit meinen Autos.

Ich wurde älter. Und als Teenager war ich dann zu alt, um mit Spielzeugautos zu spielen. Es gab andere Sachen, die interessanter und wichtiger waren. Also wurde die Kiste samt Inhalt verschenkt.

POLIZEI
POLIZEI
siku
BOSCH
1
LOVE

Jahre später begann ich, wieder siku Modelle zu sammeln. Eine Leidenschaft, die neu entfacht wurde. Tja, da habe ich es natürlich schmerzlich bereut, dass ich meine Schatzkiste verschenkt hatte. Aber ein echter Sammler lässt sich nicht unterkriegen. Ich durchstöberte Trödelmärkte, um neue Schätze zu finden.

Das tat ich auch eines schönen Sommertags. Und wen entdecke ich da – nach 15 Jahren? Richtig: Meine alte Pappkiste. Meine Schatzkiste! Sogar die Straßen auf dem Deckel, die ich als Kind aufgemalt hatte, waren noch zu erkennen. Mein Herz raste. Vorsichtig öffnete ich den Deckel. Tatsächlich: Es waren noch einige wenige meiner siku Autos von damals vorhanden.

Der Trödelmarkthändler sagte mir, er habe die Kiste vor Jahren seinem Sohn geschenkt. Der zeigte aber kein allzu großes Interesse an den Spielzeugfahrzeugen, also verstaubte alles weitgehend unbenutzt im Keller.

Natürlich kaufte ich die ganze Kiste.

Andreas Soria Kubenka, 49 Jahre

POLIZEI
TAXI
POLIZEI

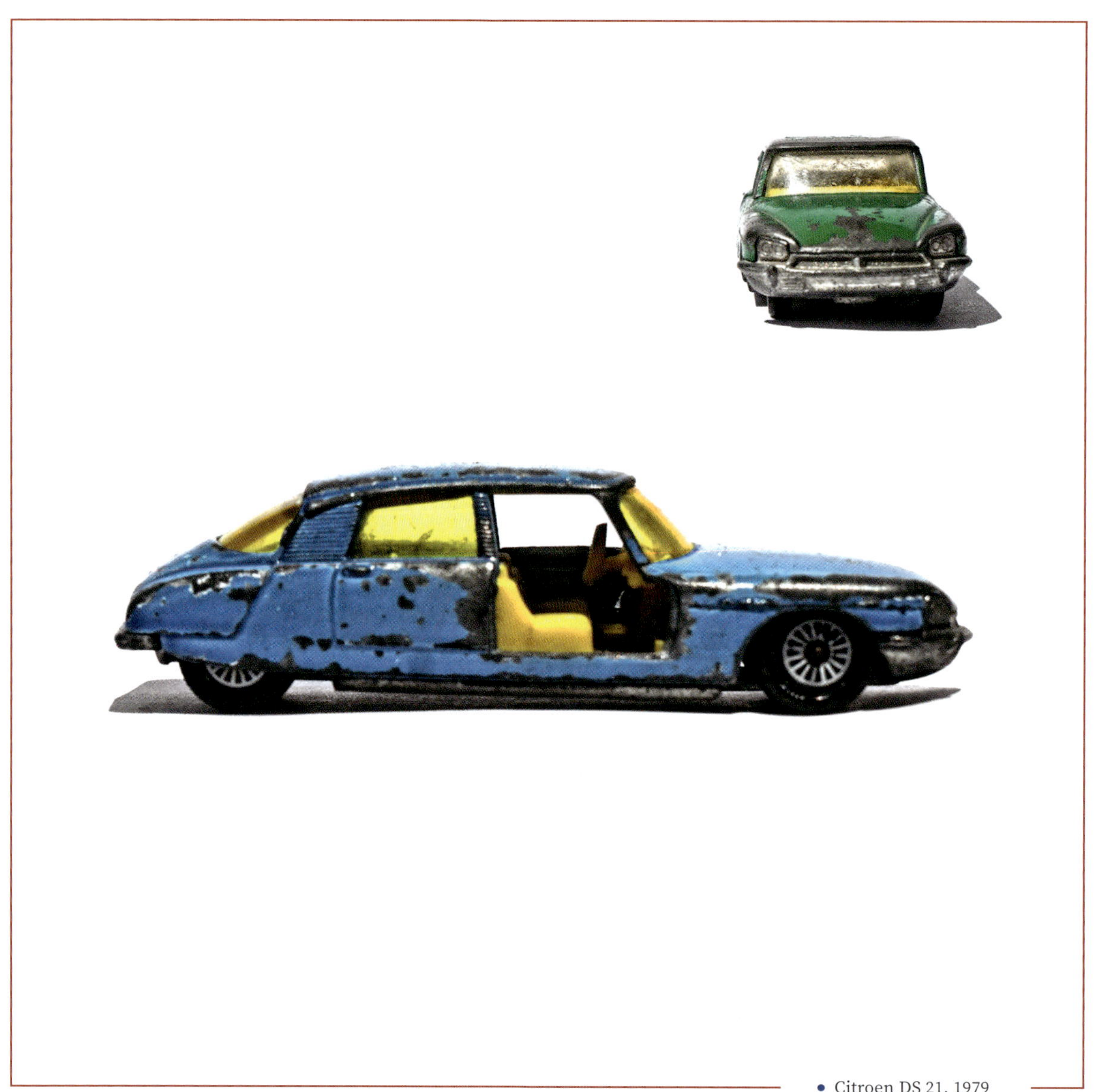

• Citroen DS 21, 1979

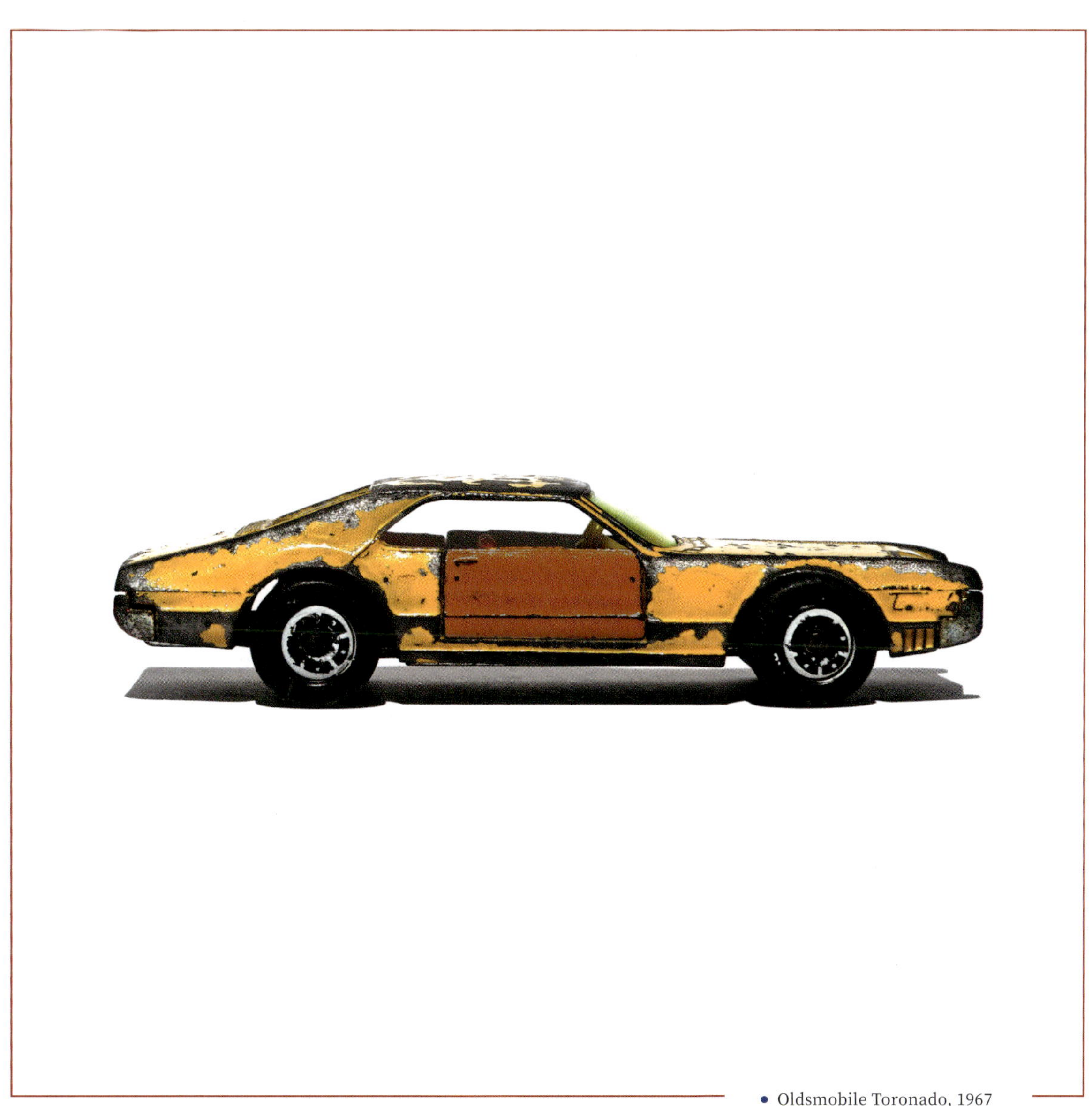

• Oldsmobile Toronado, 1967

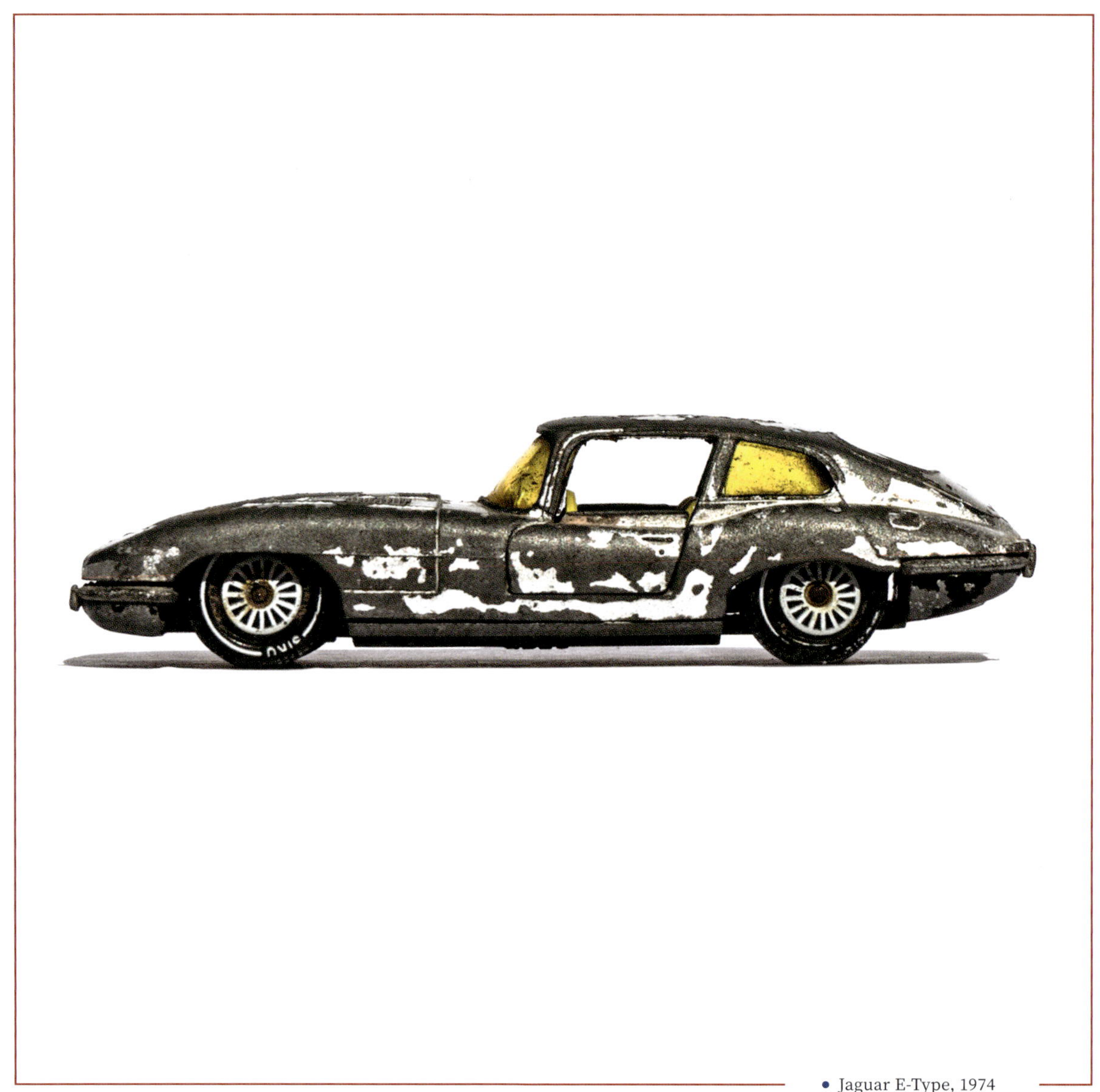

• Jaguar E-Type, 1974

Matra-Simca Rancho, 1980

• Mercedes-Benz 280 GE, 1989

• Beach-Buggy, 2022

• BMW 633 CSI, 1981

Lieblingswagen von: **Christian**

• Mercedes 500 SL Cabriolet, 1992

• VW 181 Kübel,1980

• VW Golf I Cabrio, 1981

• VW Golf I Cabrio, 1981 • Porsche 911 Cabrio, 1981 • VW Käfer 1303 LS Cabrio, 1989 • Wiesmann Roadster MF5, 2012

• Mercedes-Benz SLK Cabrio, 2004 • BMW Z3 Cabrio, 1998

• Porsche 911 Cabrio, 1987 • VW Käfer 1303 LS Cabrio, 1989

• VW Käfer 1200, 1964

Lieblingswagen von: **Otto**

• Pontiac GTO Cabriolet, 1967

• Chevrolet Corvette Sting Ray, 1968

Der Pink Beetle, Artikelnummer 1488 mit Blumenaufkleber. Bei siku glaubte man erst nicht so recht an das Produkt, das dann aber zu einem echten Kassenschlager wurde.

KLEINES WISSEN

DER KIEZKÖNIG

• Mercedes-Benz 500 SEC, 1983

DER LANDADEL

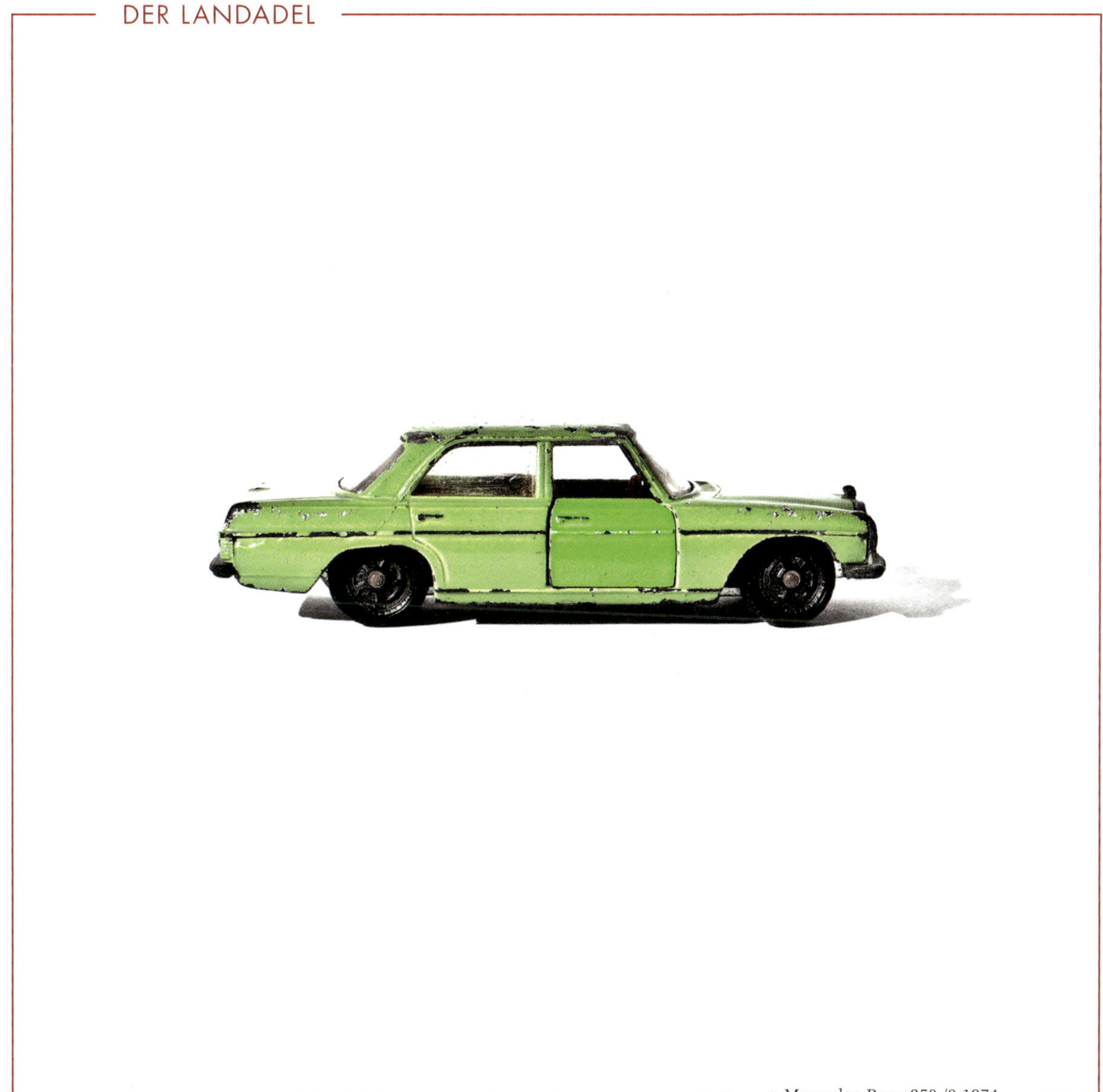

• Mercedes-Benz 250 /8,1974

FÜR PFERDELIEBHABER

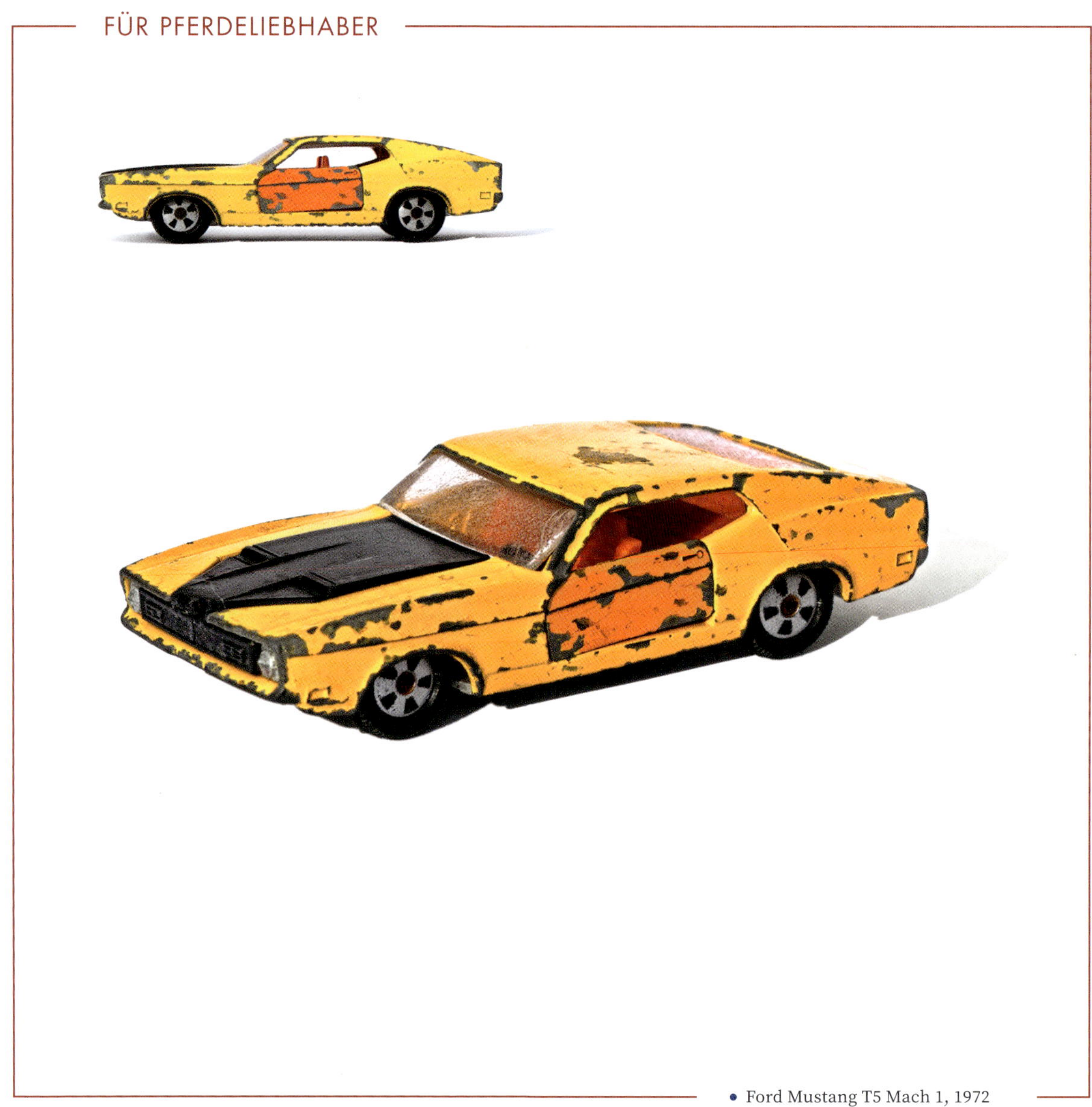

• Ford Mustang T5 Mach 1, 1972

• siku Koffer, 1976

sikunst

Stapelwerk

60er- bis 80er-Jahre

Kurvenlage
1975

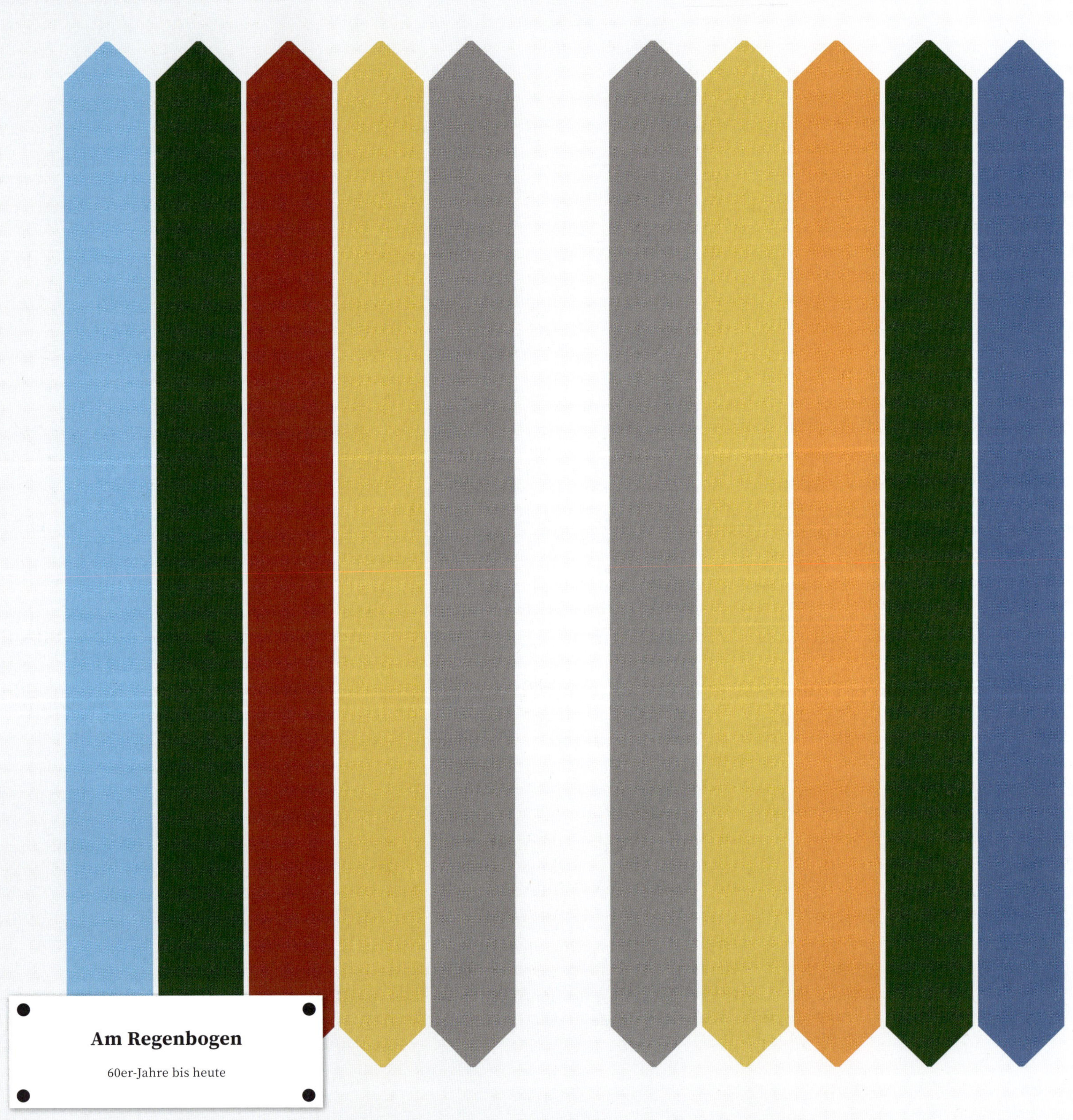

Am Regenbogen

60er-Jahre bis heute

POLIZEI
345
3062
MK
LS
ADAC

Taxometer

1970

Ganz Toller Ofen

1972

GTO

Wellenreiter
1982

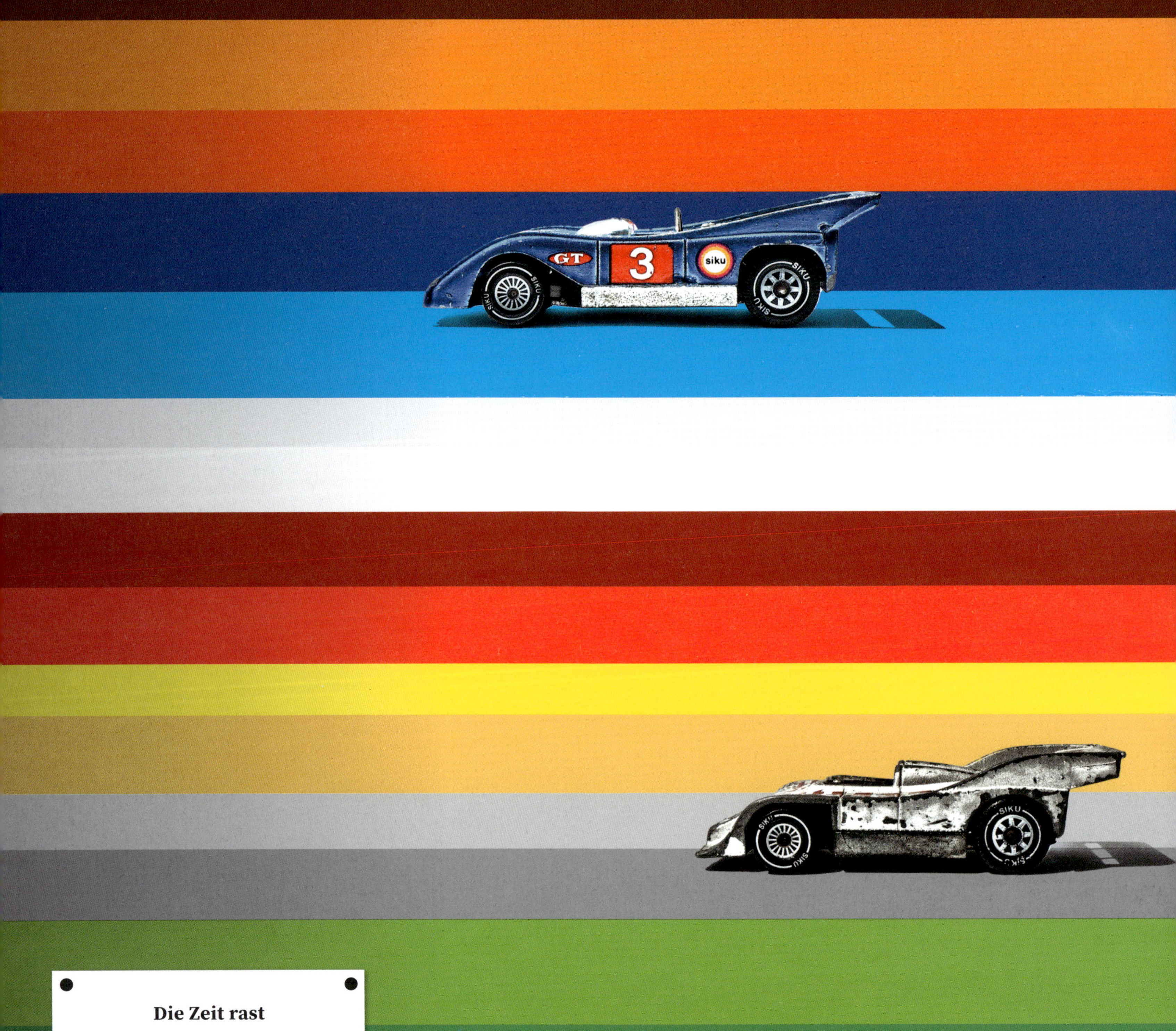

Die Zeit rast

70er- bis 10er-Jahre

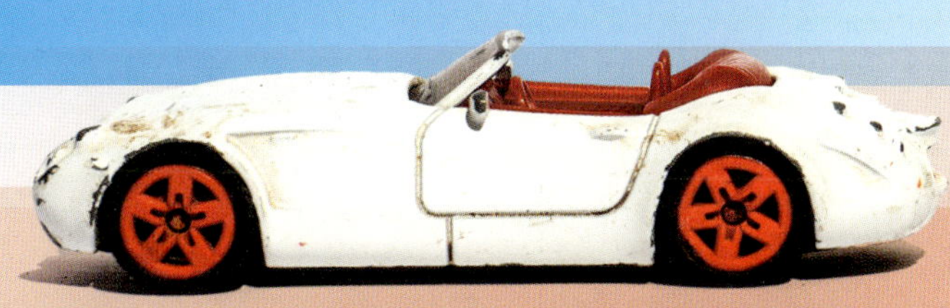

R

CANDY

Zuckerschock

1969

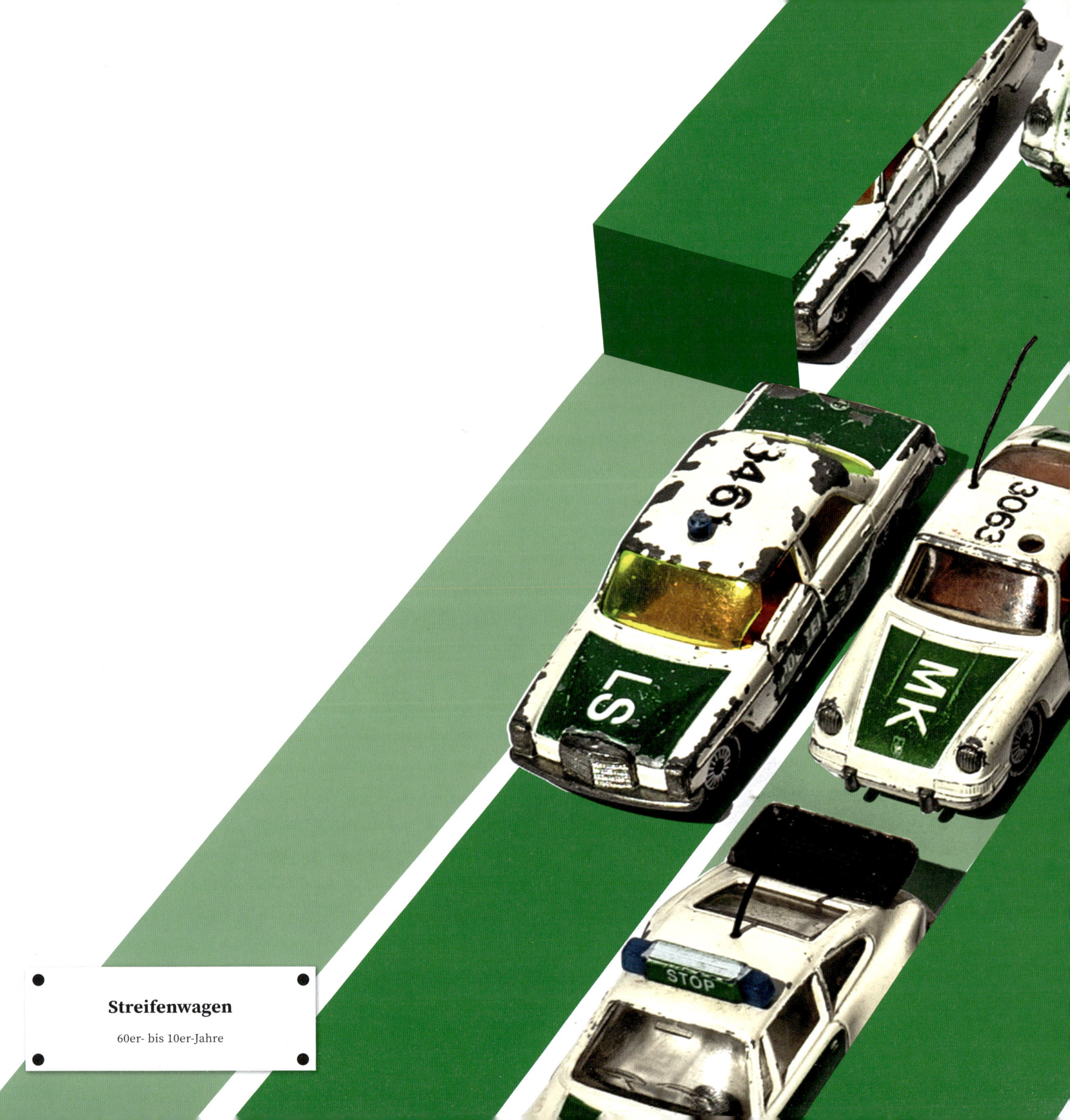

Streifenwagen

60er- bis 10er-Jahre

POLIZEI
3062
3461
LS
3063
MK

Frozen Memories

1973

Frozen Memories

2009

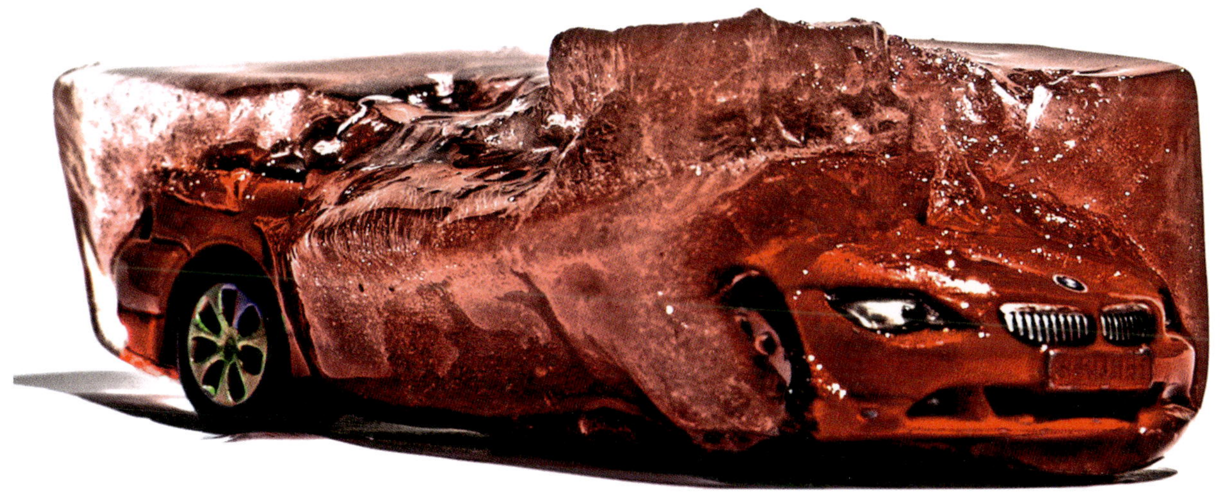

KLEIN & Co

BAGGER • TRANSPORT

• siku Anhänger von Volvo Lkw, 1986

WER KRAN,

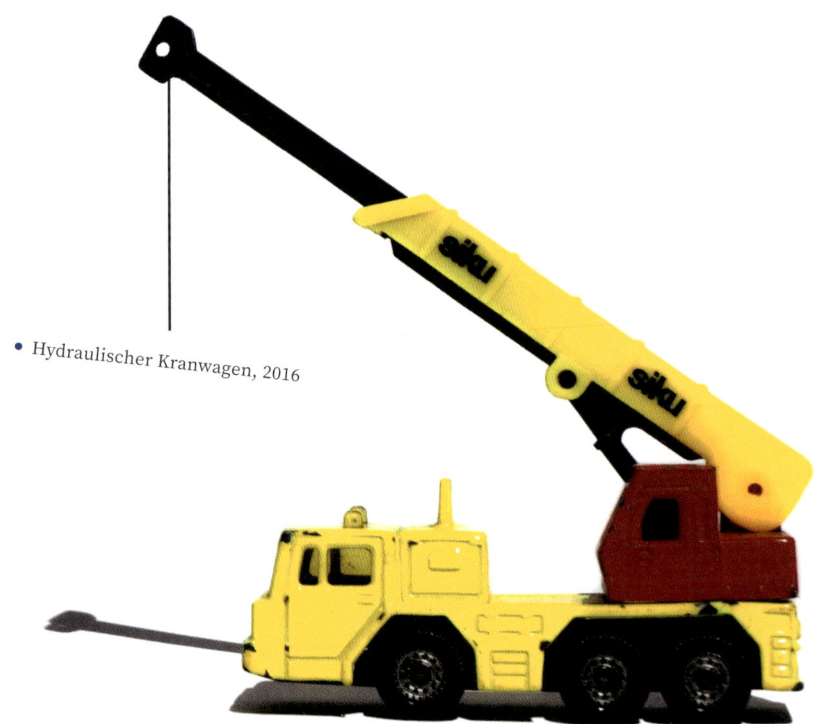

• Hydraulischer Kranwagen, 2016

DER KRAN.

Mercedes-Benz Rundhauber Kranwagen, 1969

Der absolute Bestseller ist der Bagger mit der Artikelnummer 0801. Er wurde mehr als **2,5 Mio.** Mal verkauft.

KLEINES WISSEN

• Zettelmeyer Europ S12 Walze, 1975

• Hamm HD90 Strassenwalze, 2001

BAGGERLIEBE

• siku Frontlader, 2016

• Zettelmeyer Lader Europ, 1967

• JCB 3X Baggerlader, 1977

• Klaus Autoschaufler, 1966

• Mercedes-Benz Unimog 1700 L, 1989

• siku Schneeräumfahrzeug, 1972

• Mercedes Unimog U406, 1980

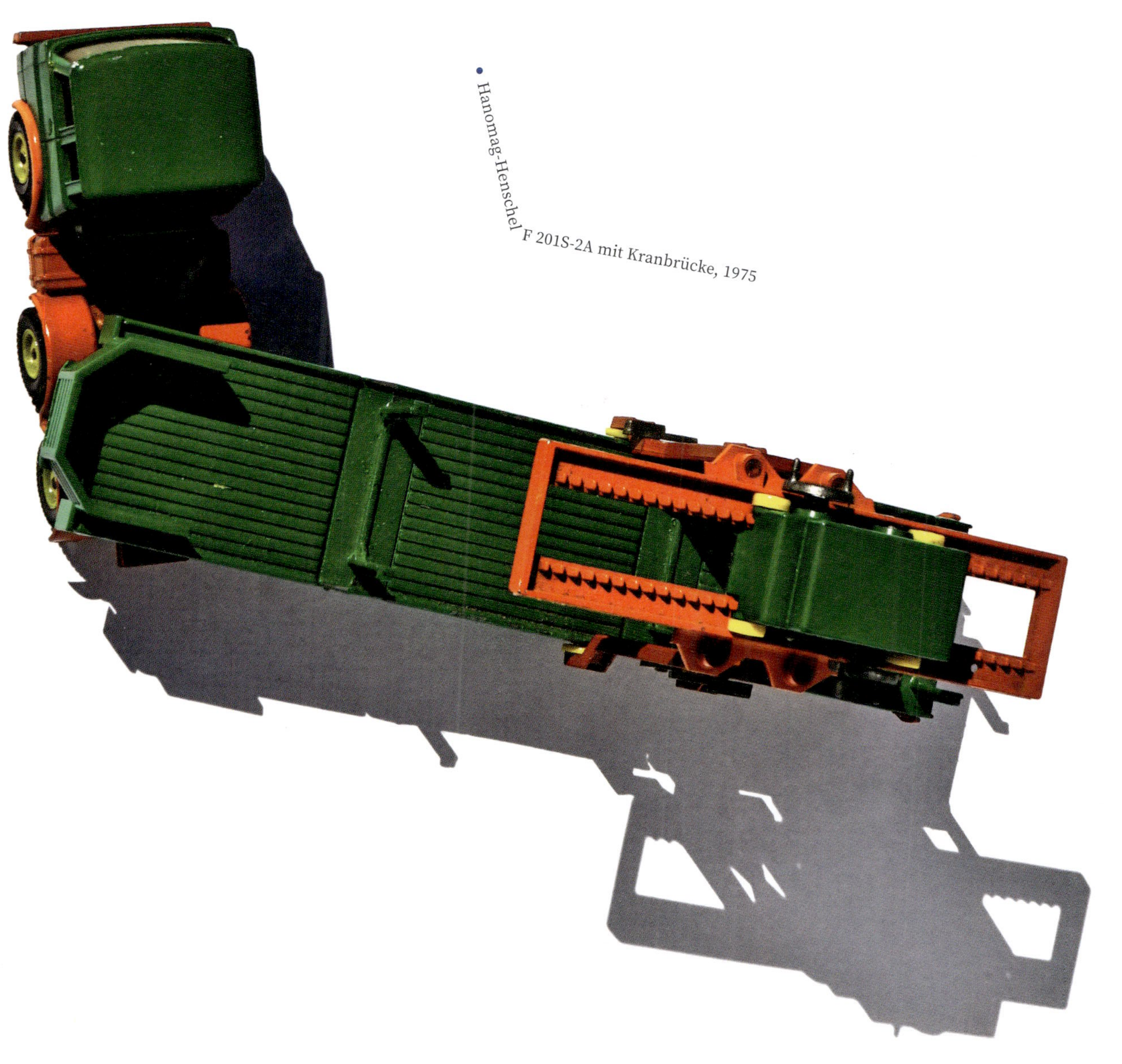

Hanomag-Henschel F 201S-2A mit Kranbrücke, 1975

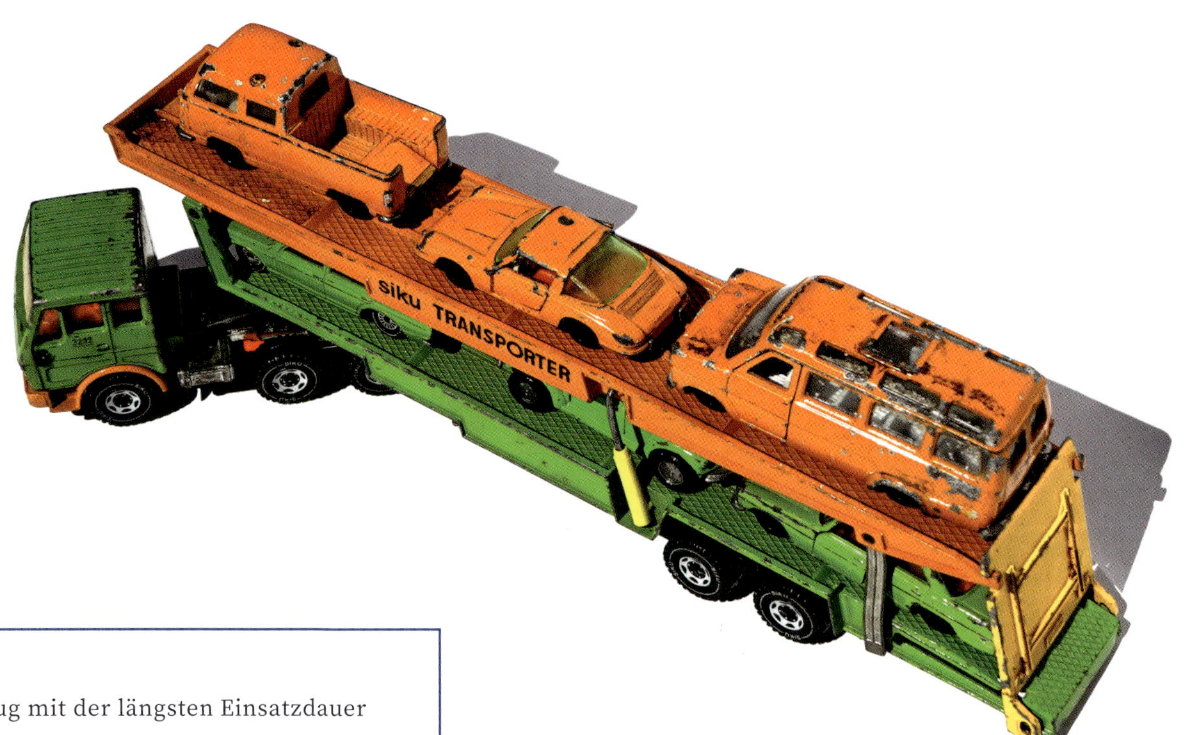

Das Werkzeug mit der längsten Einsatzdauer war das für den Mercedes-Benz 2232 Autotransporter mit der Artikelnummer 3112. **Es war von 1967–2017 aktiv.**

KLEINES WISSEN

• Hanomag-Henschel F 201S-2A Schwelm Tankzug ARAL, 1968

• Ford F500 Abschleppwagen, 1965

KOSTENPFLICHTIG ABGESCHLEPPT

• Ford Transit, 1979

• Volvo 12 Turbo, 1980

DER VON FRANZ MEERSDONK.

Irgendwann in den frühen 1980er-Jahren.

5-Jährige haben eher selten Termine einzuhalten. Außer es geht um ihre Lieblingsserie.

Und die von mir und meinem Freund Jörg war „Auf Achse“. Fasziniert verfolgten wir die Abenteuer der Truckfahrer Franz Meersdonk und Günther Willers. Die Szenen spielten wir mit kindlicher Leidenschaft nach.

Was uns fehlte, waren passende Trucks, die denen aus der TV-Serie optisch auch wirklich das Wasser reichen konnten. Beispielsweise der Truck meines Helden, Franz Meersdonk. Und diesen Lkw gab es von siku. Zumindest einen, der ihm sehr ähnelte. Blau. Mit einer Zugmaschine von Mercedes-Benz. Meine große Sehnsucht. Mensch, hab ich mir den gewünscht.

Mein Papa hat damals sämtliche Spielzeughändler im Umkreis abgeklappert: nicht mehr verfügbar. Nicht im Sortiment. Pech gehabt. Was es allerdings gab, war ein grüner Volvo mit Sattelauflieger. Ein Kompromiss. Franz Meersdonk hat auch alles gefahren, was zu fahren war.

Jahrzehnte vergingen. Das Internet kam und damit das Onlineshopping. Und siehe da, ich wurde fündig:

siku Artikelnummer 3412. Der Lkw von Franz Meersdonk! Klar, als Erwachsener ist mir dann aufgefallen, dass sich das Modell vom Original aus der Serie doch sehr unterscheidet. Aber egal. Das war immerhin mein Kindheitstraum. Ich steigerte also bei einer Auktion mit und wenig später hielt ich ihn in meinen Händen. Unbespielt und sogar mit Ladung.

Für meinen Freund Jörg besorgte ich noch ein Modell, das dem Lkw von Günther Willers aus „Auf Achse“ ähnelte. Gleich rief ich Jörg an. Wir verabredeten uns auf ein Bier und ich zeigte ihm meine Käufe.

Nun können wir – mit über 30 Jahren Verspätung – endlich unsere Terminfracht in aller Herren Länder fahren. Auf uns ist eben Verlass.

Matthias Pflugradt, 46 Jahre

Mercedes-Benz 2232 mit Anhänger siku Eurotransport, 1975

• Tempo Matador, 1966

• VW Bus T1 Post, 1970

• VW Transporter Post, 1984

• VW Golf I LS Post, 1980

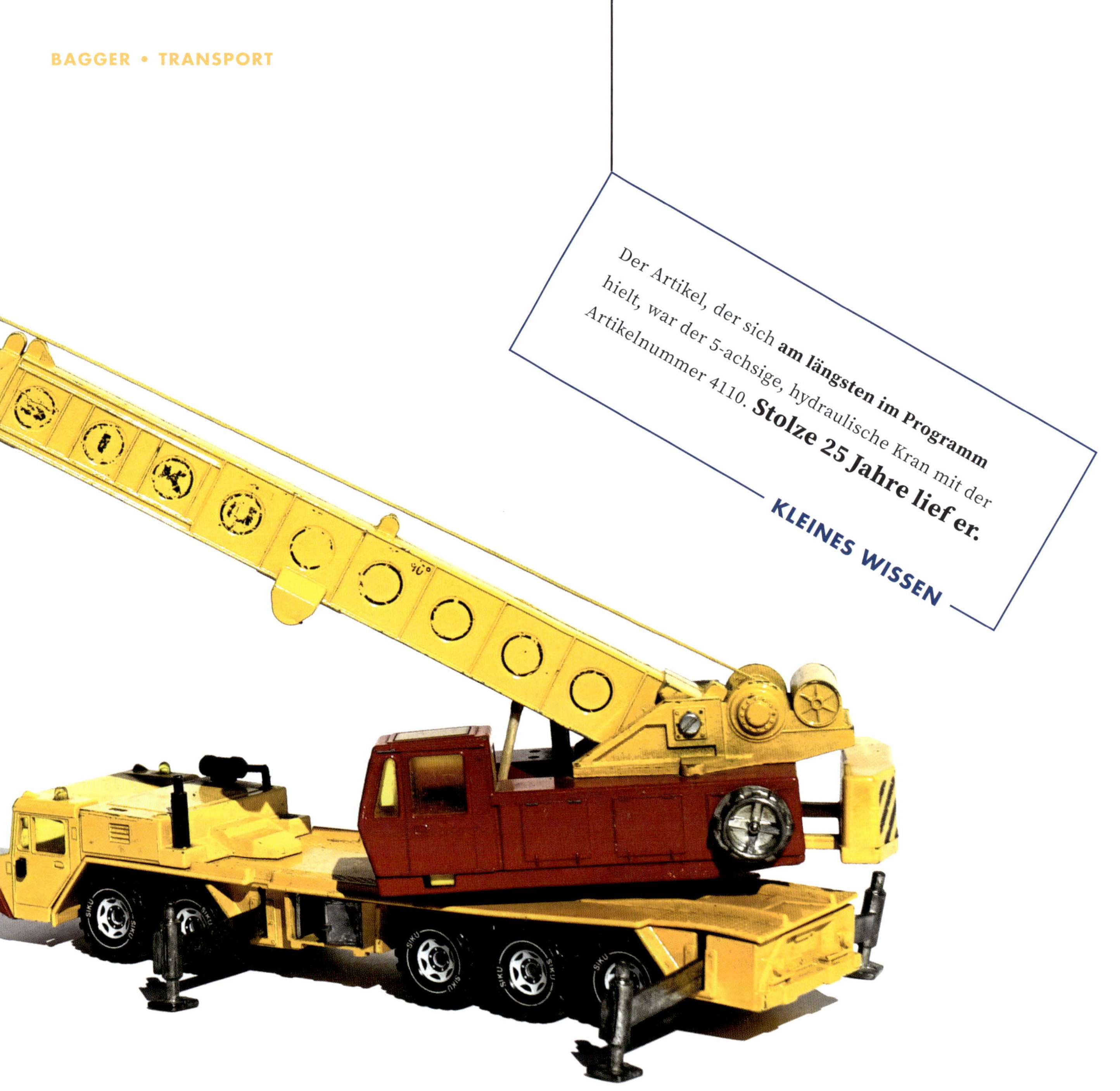

Der Artikel, der sich **am längsten im Programm** hielt, war der 5-achsige, hydraulische Kran mit der Artikelnummer 4110. **Stolze 25 Jahre lief er.**

KLEINES WISSEN

• Binz Krankenwagen, 1964

• MAN Reisebus, 1982

BESSER ALS ZUR SCHULE GEHEN.

• Ford Transit Schulbus, 1982

• Freightliner US Schulbus, 2011

TAXI!!!

• Mercedes-Benz 250 SE Taxi, 1974, Tuning by Rötschis Finest

• Mercedes-Benz 250 SE Taxi, 1974, Tuning by Rötschis Finest

• Mercedes-Benz 250 SE Taxi, 1974, Tuning by Rötschis Finest

• Dodge Charger US Taxi, 2010

• Audi A6 Avant 2.8 Taxi, 1996

• Mercedes-Benz E 500 Taxi, 2016

• Mercedes-Benz 250 SE Taxi, 1970, Tuning by Rötschis Finest

• Mercedes-Benz Taxi 250 /8, 1974

• Mercedes-Benz Taxi 250 /8, 1974

• Mercedes-Benz 300 TE, 1993 • Mercedes-Benz 300 TE Taxi, 1993, Tuning by Rötschis Finest

• Ford Granada Turnier mit Boot, 1982 • Ford Transit, 1979 • Ford Granada Turnier, 1982

SÄEN UND ERNTEN.

Ich bin die Nachbarin eines kleinen Jungen. Ryan heißt er. Und uns verbindet so einiges. Nein, nicht nur, dass wir nebeneinander wohnen, wir beide Kuchen mögen und viel draußen sind. Mehr noch: Wir spielen gern mit Spielzeugautos.

Gemeinsam stellen wir auf dem Teppich Baustellen und Autobahnen nach. Erbsen werden zu Schotter, der von A nach B transportiert werden muss. Holzklötze werden zu Bauzäunen und Stofftiere zu Vorarbeitern.

Für Ryan bin ich sogar etwas ganz Besonderes. Denn ich habe ihm erzählt, dass ich für siku arbeite. Klar, mit seinen drei Jahren versteht er nicht wirklich, was „die Arbeit" ist. Nach seiner Auffassung sieht meine Arbeitsplatz-Beschreibung so aus: „Du machst da die Autos bunt." Und mit der Vorstellung können wir beide super leben.

Irgendwann habe ich ihm das „Geheimnis von siku" verraten: Die Autos wachsen aus dem Boden – wie Pflanzen! Da selbst Dreijährige sehr misstrauisch sein können, dauerte es ein bisschen, bis er mir die Flunkerei abnahm und glaubte, dass auch er siku Pflanzen hochziehen könne. Er müsse sie nur regelmäßig gießen, wies ich ihn an. Mit einer kleinen Gießkanne bewässerten wir also fleißig die Erde im Vorgarten seiner Eltern.

Eines Nachts steckte ich kleine Fähnchen mit siku Logo in die Erde. Am nächsten Tag war Ryans Begeisterung groß, als er sie entdeckte. Sie waren tatsächlich gewachsen! Gemeinsam sammelten wir die Fähnchen ein und sahen kleine Autos in der Erde liegen: die siku Knollen. Die wurden direkt ausgebuddelt und feierlich zu Ryans anderen Modellen gestellt. Jetzt hatten wir noch mehr Unterstützung für unsere Baustellen-Nachmittage.

Inzwischen ist Ryan 8 Jahre alt und die Geschichte mit den siku Pflanzen aufgeklärt. Was ist geblieben? Eine große Begeisterung für alles, was vier Räder hat.

Susanne Henrich-Michael, 53 Jahre

• VW Scirocco, 2014

OPELGANG

• Oprl Rekord Coupé, 1967

• Opel Astra Caravan, 1997, Tuning by Rötschis Finest

Eines der Form nach schlechtesten Autos, zumindest nach selbstkritischer Einschätzung von siku, war der rote Opel Senator, Artikelnummer 1040. Dieser wurde dann aber trotzdem von 1981–1988 hergestellt.

KLEINES WISSEN

• Opel Rekord Caravan, 1971

R A U M WUNDER

• Audi 100 Avant, 1984

PANIER DE FRAISES*

*ERDBEERKÖRBCHEN AUF FRANZÖSISCH

• Peugeot 205 Cabrio, 1988

RENTNERBAND

Bei dem Fiat 1800 mit der Seriennummer V201 aus dem Jahr 1963 handelt es sich um eines der ältesten siku Modelle aus Metall.

KLEINES WISSEN

• Ford Taunus 20 M, 1970

• Ford Taunus 15 M, 1969

• BMW 1500, 1963

• Audi 100 Avant, 1984

• VW Passat Variant, 1978

• Ford Transit, 1979

• Range Rover, 1979

• Mercedes-Benz 208, 1981

MEIN LIEBLINGS-HELD

HIER BITTE
FOTO EINKLEBEN

U30

- VW Golf I Cabrio, 1981, Tuning by Rötschis Finest
- Wohnwagen, Eigenbau by Rötschis Finest

Ü30

• VW Golf I, 1979

• T@B Caravan, 2002

CAMPERTRÄUME

• Bauwagen Heitkamp, 1986

• Iveco Daily Wohnmobil, 2019

• Porsche Macan Turbo, 2015

• BMW 730L, 1996

• Audi A4, 2010

• VW New Beetle, 2013

• VW Käfer 1300, 1980

• VW Käfer 1300 ADAC, 1980

• VW Käfer 1303 LS, 1995

KÄFERSCHWARM

• VW New Beetle Cabrio, 2004

• VW Käfer 1303 LS Cabrio, 1980

• VW Käfer 1303 LS, 1993

SEI SMART

• Smart Fortwo „Ein Herz für Kinder“, 2010

FAHR MINI

• Mini Cooper S Countryman, 2013

• Mini Cooper, 2001

• VW Golf I Cabrio 1981

• VW Golf I, 1979

• VW Golf I, 1979

• VW Golf I, 1979

• VW Golf III Fahrschule, 1994, Tuning by Rötschis Finest

GENERATION GOLF

Warum gibt es eigentlich keinen Golf II von siku?

KLEINE FRAGE

KLEINE ANTWORT

Der Golf I war bei siku so erfolgreich, dass schlichtweg kein Golf II produziert wurde.

• VW Golf IV, 2002

• VW Golf IV Cabrio, 1999

• VW Passat Variant, 1978

• VW Passat Variant, 1978, Tuning by Rötschis Finest

• Opel Kadett D SR, 1982

• Vision Mercedes-Maybach 6, 2022

Tuning
Werkstatt

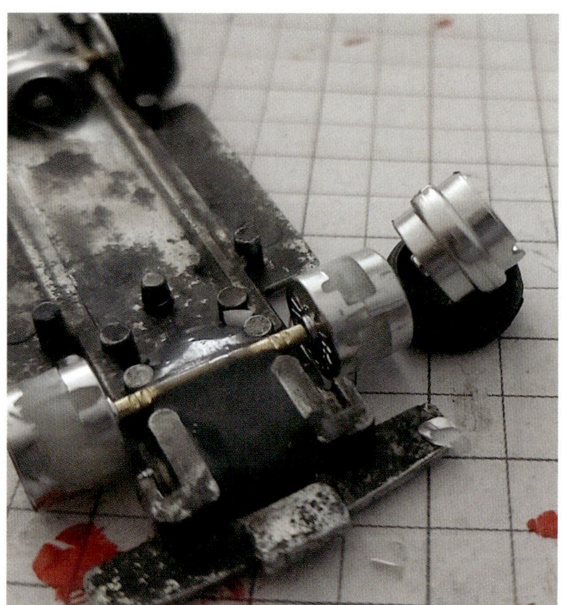

PATINA FREUNDE

Was die kleinen Helden miteinander verbindet, sind die Geschichten um sie herum. Und solche Geschichten schreiben Thomas, bekannt als Autotuner „Rötschis Finest“, und Kinderzimmerheld-Gründer Christian Blanck. Sie teilen eine gemeinsame Leidenschaft: siku Helden detailverliebt inszenieren und im „neuen“ Kleid präsentieren. Das Tunen und Umgestalten haben die beiden perfektioniert. Grund genug, hier ein neues Kapitel aufzuschlagen. Aus Patina Freude werden Patina Freunde.

Die Idee, für siku ein Buch zu gestalten, treibt Christian Blanck schon lange an. Es sind die Augenblicke, wenn er Helden aus seiner Kindheit in die Hand bekommt. Dann schießen ihm sofort Bilder durch den Kopf und die dazugehörigen Geschichten. Beispielsweise der grüne 633er BMW aus den 80er-Jahren, der in Blancks Kindheit Opfer eines Fahrradunfalls wurde. Ihm selbst, gezeichnet von Schrammen und Schmerzen, war das in diesem Moment egal. Denn der nagelneue Held in seiner roten Autotasche hatte hoffentlich keinen Schaden davongetragen. Dem war leider nicht so: Er wurde zerstört. Die Speichen seines schwarz besprühten BMX-Rads hatten dem BMW einen 30°-Knick zugefügt. Ein Drama. Der Schmerz über das zerstörte Auto überstrahlte alles – sogar die eigentlichen Schmerzen des Unfalls. Heute, gut 40 Jahre später, sind die Tränen natürlich getrocknet. Ein neuer BMW fand schnell den Weg in Blancks Kinderzimmer. Das Erlebnis, die Erinnerung aber – die bleibt bestehen. Und genau solche Geschichten treiben Blanck nun schon etliche Jahre an: neue Kinderzimmerhelden entdecken, um diese detailverliebt festzuhalten.

In Blancks Kinderzimmer waren die Helden aus Lüdenscheid in der Mehrheit. „Man kann schon sagen, ich bin ein siku Kind gewesen!“ Neben allen anderen Herstellern hatte siku einen ganz besonderen Stellenwert beim Lüneburger. Vielleicht auch der Grund, warum er ausgerechnet ein siku Buch gemacht hat – eine Idee, die ihn über Jahre nicht loslassen wollte. Blanck streifte ab 2015, seit Beginn seines ersten Buches, jährlich durch die Hallen der Nürnberger Spielwarenmesse. Ein Stopp bei siku war natürlich stets fest eingeplant. Man lernte sich kennen, man unterhielt sich, aber es dauerte nun doch ein paar Jahre, bis die Idee endlich Wirklichkeit werden sollte. Christian Blanck's Kinderzimmerhelden. Das siku Buch.

doch gab es einen Wunsch: Blanck wollte seine bisherigen Kinderzimmerhelden-Bücher nicht einfach kopieren. Nach seinem ersten Werk, dem Porsche und VW Buch, sollte nicht einfach so weitergemacht werden im Namen von siku. Es wurde mehr Inhalt benötigt, ohne dabei die Leichtigkeit von Blancks Bildern einzuschränken.

Grob war allen Beteiligten schnell klar, was das Buch zeigen soll. Siku Helden und ihre Makel, Beulen und Patina. Auf keinen Fall ein Buch, das auf Vollständigkeit geprüft werden kann. Dafür sind 60 Jahre Metallautogeschichte und die Jahre zuvor mit den Plastikmodellreihen einfach zu reichhaltig. Damit könnte man sicherlich drei Bücher füllen. Nein, ein Kinderzimmerhelden-Buch von siku soll Spaß machen beim Durchblättern. Es soll eine handverlesene Auswahl von 60 Jahren Metallautogeschichte zeigen, die siku Jahr um Jahr weiterschreibt. Ein Buch für Groß und Klein. Kein Buch nur für die Hobbyräume – auch im Wohnzimmer darf das Buch als Coffee Table Book seinen Platz finden. Und

Und so treffen letztendlich Thomas, „Rötschis Finest", und Christian, Kinderzimmerhelden, aufeinander. Sie beide sind autoverrückt – im Positiven –, lieben die Details der kleinen Helden und gestalten aus ihnen kleine Kunstwerke. Thomas? Das ist Thomas Rötsch. Bei Instagram eben bekannt als Spielzeugautotuner „Rötschis Finest". Er lebt mit seiner Familie in einem kleinen, bildhaft schönen Dorf in der Nähe von Weimar. Als er Thomas zum ersten Mal besucht, ist Christian einfach nur begeistert: Kleine, naturstein-gepflasterte Gassen,gesäumt von liebevoll restaurierten Häusern und kleinen Höfen. Die Straßen führen zu gepflegten Plätzen, inklusive Teich zum Verweilen, und die Menschen wirken einfach zufrieden. Ein toller Ort – nicht nur für die Kinder von Thomas.

Für alle Tuningfreunde oder solche, die es werden wollen. Viel Spaß beim Nachmachen.

KLEINE BAUANLEITUNG

In einem kleinen umgebauten Bauernhof lebt die vierköpfige Familie mit insgesamt drei Generationen zusammen. Wer über den Hof streunt, merkt schnell: Hier fließt auch viel Benzin durch die Adern. Vor der Haustür steht der erste Trabi, hinten in der Scheune der nächste Trabi, eingewintert. Thomas' Familienbomber, ein Passat Variant, sieht aus wie einer seiner umgebauten sikus – viel Patina, Fake-Rost, matte Lackierungen und passende Felgen dazu. Auf dem gesamten Grundstück begegnen einem immer wieder unterschiedlichste Fahrzeuge wie Traktoren, Zweiräder und Co. Der perfekte Spielplatz für große und kleine Kinder.

Die Begeisterung rund um Autos und Fahrzeuge hat Thomas sehr wahrscheinlich von seinem Vater in die Wiege gelegt bekommen. Die ersten Kinderjahre hat Rötsch, er wurde 1985 geboren, noch in der damaligen DDR erlebt. Sein Vater war Lkw-Fahrer und hat ihm immer wieder etwas von seinen Fahrten mitgebracht. An ein ganz besonderes Geschenk kann sich Thomas bis heute noch sehr genau erinnern: Es war ein siku VW Caddy Pickup aus den frühen 80er-Jahren. „Das war schon etwas sehr Besonderes! Ein Auto aus dem Westen, für insgesamt 20 Ostmark. Das war seinerzeit richtig viel. Das hat damals einem Tageslohn entsprochen und mein Vater hat sich nicht getraut, das meiner Mutter zu erzählen. Sie wäre ausgeflippt!", erzählt Rötsch. Um den Wert zu verstehen, ein kurzer Vergleich, wie wertvoll dieser Caddy war: Für 20 Ostmark hätte damals eine vierköpfige Familie in einem Restaurant essen gehen können und die durchschnittliche Miete für eine Wohnung lag damals bei 15 bis 30 Ostmark.

Und diesen VW Caddy für 20 Ostmark bringt der Vater dann seinem Sohn einfach mit. Unglaublich. Woher und wie sein Vater diesen siku Helden bekommen hat, kann Thomas gar nicht sagen. Aber er weiß noch ganz genau, wie sehr er sich über dieses Fahrzeug gefreut hat. Natürlich hat er ihn bis heute nicht aus der Hand gegeben. Es ist Rötschis Finest ganz persönliche, eigene Kinderzimmerhelden-Geschichte.

Thomas war schon immer ein Bastler – und draußen gab es immer etwas zu tun. Aber die kalten Jahreszeiten haben ihn dazu gebracht, seine Qualitäten auch in geschlossenen Räumen anzuwenden. „Im Winter war es draußen auf unserer Baustelle einfach zu kalt, also musste ich mir ein Hobby für drinnen suchen, das nicht zu viel Platz einnehmen würde." Thomas, der auch digital vielen autoverliebten Menschen folgt, ist so auf einige Spielzeugbastler gestoßen und war direkt begeistert. Das wollte er auch mal versuchen. Also begab er sich auf den Dachboden – und wurde belohnt! Wie gehofft, fand er dort die vor Jahren abgestellte alte Autokiste. Man kann sich vorstellen, wie die Augen geglänzt haben müssen nach so einem Scheunenfund.

Und so begann der Weg von Rötschis Finest in die schöne Welt der umgebauten Spielzeugauto. siku und Co wurden mit Feilen, Akkuschraubern und viel Heißkleber einfach auseinandergenommen und zu hausgemachten Highlights verwandelt. Fast sieben Jahre arbeitet er nun an seinen Helden. Nach der steilen Lernkurve der ersten Jahre entstehen aus den sikus mittlerweile echte Kunstwerke, die nicht nur die Vitrine zieren. Sie dürfen auch von seinen beiden Söhnen zum Spielen benutzt werden. Die Jungs sind echt stolz auf die Autos ihres Papas. Das spürt man, wenn man zu Besuch ist. In einer kleinen Bastler-Community wurde er auch schon mit einem Preis für den schönsten Umbau ausgezeichnet. Seine Werkstatt steht mitten im Wohn- und Fernsehzimmer, wird aber von allen Familienmitgliedern akzeptiert. Natürlich gibt es dazu auch Stimmen aus der Familie: „Es war nicht geplant, das Wohnzimmer später einmal mit Vitrinen für umgebauten Helden zu füllen. Jetzt ist es eben so", sagt grinsend seine bessere Hälfte, die es aber auch toll findet, dass ihr Mann sein Hobby mit so viel Leidenschaft auslebt. Mittlerweile hat der Autotuner seine eigene, kleine Garage oben unter dem Dach eingerichtet.

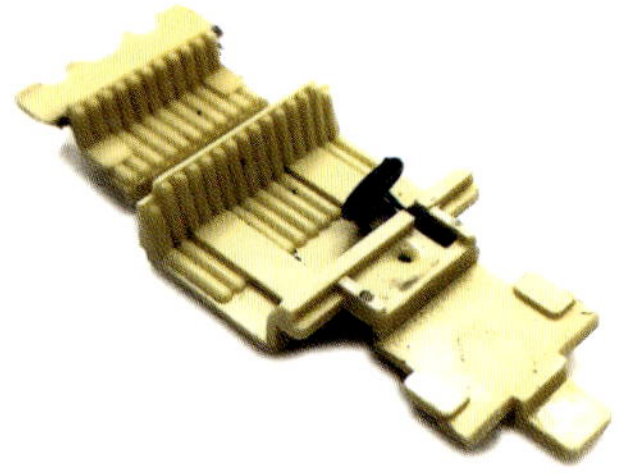

Der Couchtisch im Wohnzimmer ist endlich wieder frei. Professionelle Autos benötigen eben ein professionelles Setup. Kommen wir wieder zum siku Buch der Kinderzimmerhelden. Blanck hatte die Idee, auch solchen umgebauten Helden einen Platz im Buch zu schenken. „Bisher findet man in Büchern wenig bis gar nichts über getunte Spielzeugautos, dabei besitzen wir alle die gleiche Leidenschaft.“ Blancks Idee, den getunten sikus ein Kapitel zu widmen, kam direkt gut an und er wollte noch einen Schritt weitergehen. „Wir zeigen sie nicht nur, wir suchen uns einen originalen Klassiker und gestalten diesen zusammen mit Rötschis Finest um.“ Christian war fest entschlossen, Thomas darauf anzusprechen. Schließlich

folgte er ihm auch schon einige Zeit auf den Sozialen Medien und war immer wieder beeindruckt von seinen Umbauten und von seinen fotografischen Inszenierungen. Im Mai 2022 erreichte Rötschis Finest dann die Idee und auch er war sofort begeistert. Der Chatverlauf zwischen beiden Autoverrückten glühte (bis heute) und es wurden Autos und Ideen ausgetauscht. Während der eine auf dem Fußballplatz beim Training seines Sohnes wartete, antwortet der andere aus der Karatehalle seines Sohnes.

Das Ergebnis: Der blaue siku Porsche 901 sollte es werden. Blanck hat von diesem Modell zwei ziemlich gut erhaltene

Exemplare. Die Steinchen im Licht vorn und hinten waren noch drin, die Kofferraumhaube und Türen intakt. Der Lack zeigte einen Patinalook, der kaum perfekter sein konnte. Die beiden einigten sich, diesen kleinen Porsche umzugestalten, ohne dem 901 seinen bestehenden Charakter wegzunehmen.

Am Lack sollte gar nichts gemacht werden. Aber er musste deutlich tiefer liegen und auch die originalen siku Räder mussten breiteren Alufelgen weichen. Im Innenraum wurde vor allem eines gemacht: geputzt und poliert. Denn abseits des Lacks musste der Porsche strahlen und wie neu aussehen. Auf dem Papier wirkte alles ganz einfach, aber direkt nachdem der Porsche komplett zerlegt worden war, zeigte sich: Da muss auch die Flex ran. Zum Tieferlegen waren Karosserieteile im Weg und Rötschis Finest bekam den Porsche nicht tief genug. Erst der Eingriff am Metall machte Platz für die Felgen und Reifen. Im Vorfeld hatten sich Christian und Thomas gut und gerne zehn verschiedene Felgenmuster angeschaut. Auch hier war wichtig, dass die Felge zum Charakter des Porsche passt. Nicht zu sportlich, gar nicht prollig. Es sind so viele kleine Details, auf die man achten muss. Thomas Rötsch versucht wirklich jede Idee zu ermöglichen. Bei der Kofferraumhaube mussten allerdings kleine Abstriche hingenommen werden. Um sie beweglich zu gestalten, fehlte einfach der Platz. Auch ein eingebauter Magnet hielt die Haube nicht weiter fest. Daher wurde sie letztendlich komplett befestigt. Solche Umbauten bedeuten viel Arbeit und benötigen vor allem eines: Geduld. Gute 30 Stunden kann das schon in Summe dauern, bis ein umgebauter siku Held fertig von der Bühne fährt. In unserem Fall sind es ein paar Stunden weniger, da auf die Neulackierung verzichtet wurde und der Porsche so original gezeigt wird, wie er im Vorfeld war. Nur jetzt deutlich tiefer, edler und

einfach nur fett! Übrigens die erste Porsche-Bestellung, die Christian Blanck ausgelöst hat. Eine Tatsache, die ihm ziemlich gut gefällt …

Rötschis Finest und Blanck sind jedenfalls begeistert von ihrem Zuffenhausener Helden. Den in echt … sie würden nicht Nein sagen. Beim persönlichen Kennenlernen der beiden war auch schnell klar: Da sitzen zwei Jungs zusammen, die die gleiche Leidenschaft teilen. Der Tag bei Thomas in der Werkstatt, das Shooting, die Gespräche rund um die Helden, die Pizza mit der ganzen Familie – da war gleich eine besondere Nähe zwischen ihnen zu spüren.
Es freut Blanck auch sehr, dass er in seinem siku Buch ausgewählte umgebaute sikus von Rötschis Finest inszenieren darf. Vor allem im Kapitel „Tuning" haben sie einen ganz besonderen Auftritt bekommen. Hier brennen Zwei für dasselbe Thema – weitere Ideen werden folgen: Das ist sicherlich nicht nur ein einmaliger, gemeinsamer Auftritt gewesen.

DRAUFGÄNGER

• Mercedes-Benz 300 SL, 1963

• Mercedes-Benz 500 SE, 1982, Tuning by Rötschis Finest

• Bentley Continental GT V8 siku Modellwelt, 2018

HAPPY BIRTHDAY

75 JAHRE PORSCHE SPORTWAGEN

• Porsche 911 Turbo, 1985

Bei siku bekommt man für viele Fahrzeuge noch Ersatzräder.

KLEINES WISSEN

• VW Passat Variant ADAC, 1978, Tuning by Rötschis Finest

• Mercedes-Benz 300 TE Taxi, 1993, Tuning by Rötschis Finest

• Mercedes-Benz 600 Pullman, 1965, Tuning by Rötschis Finest

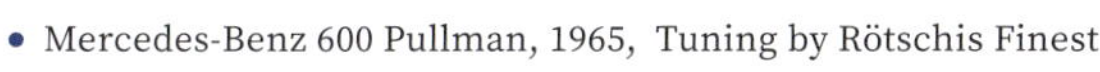

• Mercedes-Benz 600 Pullman, 1965, Tuning by Rötschis Finest

• Vision Mercedes-Maybach 6, 2022

• Pontiac GTO „The Judge“, 1972

• VW Caddy Pickup, 1982

• VW Caddy Pickup, 1982

• VW Caddy Pickup, 1982, Tuning by Rötschis Finest

Ford Continental Mark III, 1969

VW Caddy Pickup, 1982, Tuning by Rötschis Finest

VW 411, 1969

DAS ERDBEERKÖRBCHEN

• VW Golf I Cabrio, 1981, Tuning by Rötschis Finest

• Porsche 917/10 Turbolader, 1979

PATINAFREUNDE

• Cadillac Fleetwood 75, 1967, Tuning by Rötschis Finest

• Mercedes-Benz 250 SE, 1966, Tuning by Rötschis Finest

• Porsche 901 Polizei, 1964, Tuning by Rötschis Finest

• Mercedes-Benz 406 Wasserrettungswagen, 1979

• Mercedes-Benz 406 Binz Krankenwagen, 1969, Tuning by Rötschis Finest

LOVE IS IN THE AIR

• Secret (Erlkönig)

• Mercedes-Benz 250 SE Taxi, 1974, Tuning by Rötschis Finest

• Mercedes-Benz 250 SE Taxi, 1974, Tuning by Rötschis Finest

ALLE JAHRE WIEDER …

Weihnachten liegt gerade mal ein paar Wochen zurück, da wartet bereits die nächste Bescherung: Fans, Fachbesucher und Experten schauen gespannt nach Nürnberg auf die jährliche Spielwarenmesse. Etliche Marken präsentieren dort ihre Produkte – und zukünftige Kinderzimmerhelden.

Und der Weg dorthin lohnt sich wirklich. Schließlich gibt es in jedem Jahr ein besonderes Highlight: Das siku Sondermodell zur Spielwarenmesse. Egal ob Porsche, Alfa, Bugatti, BMW, der kleine FIAT 500 und viele weitere – die auserwählten Modelle dürfen sich in cleanem Weiß mit dem Messelogo zeigen. Das bringt die Augen der Gäste zum Strahlen wie zu Kinderzeiten im Spielzeugladen.

Und so machen sich die verschenkten siku Sondermodelle auf den Weg in die weite Welt. Manch Kinderzimmerheld taucht wenig später wieder bei den großen digitalen Auktionshäusern auf.

Dann heißt es für Sammler: 3, 2, 1 … hoffentlich meins!

• Mini Countryman, Toy Fair Limited Edition, 2014

• BMW M3, Toy Fair Limited Edition, 2016

• Fiat 500, Toy Fair Limited Edition, 2017

• Alfa Romeo 4C, Toy Fair Limited Edition, 2015

ÜBER SIKU

Geschichten sind dazu da, erzählt zu werden. Wir geben sie weiter von Alt zu Jung, von Jung zu Alt. Ganz im Sinne einer Tradition. Und eine solche Tradition führt auch siku als Familienunternehmen mit hochwertigen Spielzeugen fort.

Schließlich fahren siku Spielzeugmodelle seit Generationen durch unzählige Kinderzimmer. Produziert werden sie von der Sieper GmbH – gegründet 1921 von Richard Sieper in Lüdenscheid. Mittlerweile teilt die ganze Welt eine besondere Begeisterung und Liebe für die kleinen Helden.

Eine echte Tradition, die auf vorhandenen Werten aufbaut, aber dennoch Freiheiten erlaubt, um sich weiterzuentwickeln. Waren die Produkte einst noch aus Plastik, so sind sie heute weitgehend aus Metall und hochwertigen Kunststoffen. Einige davon kann man sogar per App fernsteuern. Hätte das jemand vor über 100 Jahren geahnt? Wohl kaum.

Aber eins hat sich nie verändert: Was unsere Kinderaugen damals zum Strahlen gebracht hat, lässt uns auch als Erwachsene kindliche Begeisterung verspüren, mit Spielspaß und Leidenschaft in unsere ganz eigene, kreative Welt versinken. Spielen, bewundern, sammeln, gemeinsam erleben.

Dafür sorgt siku mit detailverliebtem Qualitätsspielzeug. So robust, dass es sogar vererbt werden kann. Das ist nicht nur eine schöne Form, Generationen miteinander zu verbinden, sondern auch ein Beitrag zur Nachhaltigkeit.

www.siku.de

1957

1970

1971

1972

1976

1994

ÜBER CHRISTIAN BLANCK

Für seinen ersten Sohn Niklas, damals zwei Jahre alt, holte Christian Blanck seine alte Kamera wieder aus der Schublade. Sein Faible für Fotografie und alte Autos hatte er schon früh entdeckt. Mit den „Kinderzimmerhelden“ entstand 2014 eine erste eigene Fotokollektion des Autodidakten. Diesen Helden unserer Kindheit fehlt eine Tür, die Farbe blättert ab, sie haben Beulen, sind verkratzt und überhaupt kaputt – egal. Held bleibt Held und diese Makel liebt Christian Blanck, sucht sie in seinen Bildern.

Bald zehn Jahre später gibt es mittlerweile verschiedene Bücher, u.a. für Porsche und VW, Kalender, Bilder und Produkte sowie Ausstellungen. „Verrückt!“, sagt der Norddeutsche, der heute mit seiner Familie in Stuttgart lebt. „Bücher sind natürlich immer das Highlight, man arbeitet ein gutes Jahr, um sie anschließend in seinen Händen halten zu dürfen. Klingt romantisch, aber genau für diesen Moment lohnt es sich“, betont Blanck. Stolz macht es ihn, nun endlich auch für siku dieses Buch machen zu dürfen. „Ich bin ein SIKUKIND, meine Autosammlung als Kind umfasste alle Marken, von siku hatte ich aber am meisten Autos in meinen Kisten.“

Sein erstes Auto aus Lüdenscheid war der gelbe ADAC Käfer aus den späten 70er-Jahren. Diesen hatte ihn damals sein Onkel geschenkt, damit er zukünftig nur am siku Käfer den Schraubenzieher ansetzt. Am Originalkäfer auf der Einfahrt hatte Blanck immer wieder Lampen mit dem Schraubenzieher entfernt, zwar fachgerecht, aber ohne Zustimmung. Dieser Käfer hat somit seine ganz eigene Geschichte, die Christian Blanck immer wieder gern erzählt.

www.kinderzimmerhelden.net
www.instagram.com/kinderzimmerhelden

NA SIN
RRISTA
NG POOL
LIFEGUARD

DANKE SAGEN

So ein Buch ist immer eine Teamleistung, daher gibt es ein paar Helden, denen ich danken möchte.

Zu allererst Thomas und Thomas. Thomas 1 ist Thomas Pakull von der Münchner Agentur „Woran Wir Glauben"! Thomas 2 ist Thomas Rötsch, auf Instagram bekannt als „Rötschis Finest" und begnadeter Autotuner für diese kleinen Helden. Ohne euch Jungs wäre dieses Buch so nicht entstanden, ihr habt mir geholfen, mich inspiriert, mich beraten, wir haben diskutiert und wir teilen zu dritt diese Leidenschaft. Danke für euren mega Support! Danke auch für die Helden, die ihr organsiert, geschraubt oder zur Verfügung gestellt habt.

Danke an Hanno von Delius Klasing für deinen ständigen Support und Plan, damit wir dieses Buch hier auch genauso machen dürfen. Dein persönlicher Held hat es ja auch ins Buch geschafft ...!

Danke auch an meine Familie. Meine bessere Hälfte Nele, die sich nicht zu schade dafür war, den Pilotenschein für die Helikopterflüge mit dem ADAC- und Polizei-Hubschrauber zu machen, sowie meine beiden Rabauken Niklas (12) und Henri (10), die gar nicht mehr so kleine Rabauken sind wie noch vor Jahren bei Buch 1. Ohne euch hätte es „Kinderzimmerhelden" nicht gegeben, zumindest nicht von mir vermutlich.

Vielen Dank an Herrn Otto Wachs für die schönen Worte im Vorwort, wir haben alle solche Geschichten im Kinderzimmer erlebt. Und lieben Dank an Christine für das Connecten!

Es gab auch einige Helfer, die dem Buch den letzten Schliff gegeben haben. Allen voran natürlich Gregor, von „Woran Wir Glauben". Jetzt kennst du auch den Begriff Erdbeerkörbchen im Bezug auf das Golf Cabrio. Spannend, was zehn Jahre Altersunterschied ausmachen.

Man sieht es natürlich nicht, aber die Motive sind an vielen schönen Orten in Frankreich, Spanien, Italien, in Österreich und auch in der Schweiz entstanden. Sowie in der Kinderzimmerhelden-Schrauberwerkstatt in Stuttgart. Orte, die inspirierend und erholsam zugleich waren.

Zum Schluss ein großes Danke an siku und an meinen Verlag Delius Klasing. Stellvertretend für siku vor allem Jörg Stermann und für Delius Klasing stellvertretend Edwin Baaske. Ihr macht solche Projekte erst möglich, die unsere aktuelle, komische Welt beim Durchblättern für einen kurzen Moment zufriedener erscheinen lässt. Ein großes MERCI an alle dafür!

Euer Christian

VOLKSWAGEN

Bibliografische Information der Deutschen Nationalbibliothek
Die Deutsche Nationalbibliothek verzeichnet diese Publikation in der Deutschen Nationalbibliografie; detaillierte bibliografische Daten sind im Internet über http://dnb.dnb.de abrufbar.

1. Auflage
ISBN 978-3-667-12659-7

Idee und Konzept: Christian Blanck / Die Blancke Liebe
Fotos: Christian Blanck
Texte: Christian Blanck, Gregor Renn, Daniel Höllinger, Thomas Pakull, Otto F. Wachs, Martina Castor, Franz-Georg Göke, Andreas Soria Kubenka, Matthias Pflugradt, Susanne Henrich-Michael
Lektorat: Hanno Vienken
Einbandgestaltung und Layout: Woran Wir Glauben GmbH, München
Lithografie: Mohn Media, Gütersloh
Druck: Print Consult, München
Printed in Slovakia 2023

Delius Klasing Verlag GmbH, Siekerwall 21, D - 33602 Bielefeld
Tel.: 0521/559-0, Fax: 0521/559-115
E-Mail: info@delius-klasing.de
www.delius-klasing.de

48
BILSTEIN
345
MICHELIN
48
BILSTEIN